ELEMENTI CHIMICI
La tavola periodica

Gli oggetti quasi infiniti e materiali intorno ci sono in realtà costituiti da un numero limitato di elementi chimici . Oggi sappiamo che il 91 esistono naturalmente sulla Terra . Cominciano con l'idrogeno che si è formata subito dopo l'universo è entrato in esistenza . Gli altri 90 sono stati effettuati mediante reazioni nucleari che avvengono nel nucleo di bruciare stelle o dalle esplosioni catastrofiche chiamate supernove che a volte sono prodotte quando le stelle muoiono . Diversi altri elementi sono realizzati artificialmente nei laboratori .

Ogni elemento si comporta diversamente e ha proprietà diverse da tutti gli altri . Un sistema di organizzazione delle informazioni sulle proprietà chimiche degli elementi e dei composti chimici che si formano è essenziale . La moderna tavola periodica si basa principalmente sul lavoro del chimico russo Dmitrij Mendeleev la cui tabella pubblicata nel 1869 collocati gli elementi nelle righe orizzontali in base al loro peso con una riga sotto l'altra in modo che tutti gli elementi con proprietà simili caduto in colonne verticali . Nel 20 ° secolo con conoscenze acquisite sulla struttura dell'atomo , il modo corretto di ordinare gli elementi è stato scoperto e tavola periodica attuale stato formulato .

Gli atomi costituiti da protoni , neutroni ed elettroni sono componenti fondamentali degli elementi . Fisico inglese Henry Moseley dimostrato che ciò che determina il comportamento di ciascun elemento è il suo numero atomico , il numero di protoni nel suo nucleo , non il suo peso atomico che è una misura del numero totale di protoni e neutroni nel nucleo . Il modo corretto di ordinare gli elementi della tavola periodica era quindi dal loro numero atomico . Sebbene gli atomi di un dato elemento hanno lo stesso numero di protoni possono avere un diverso numero di neutroni . Questi sono chiamati isotopi e loro esistenza spiega perché il peso atomico è un indice affidabile della posizione di un elemento nella tavola periodica .

Gli elementi sono disposti in ordine di numero atomico in righe cosiddetti periodi . Spostandosi da sinistra a destra su un periodo , vi è la transizione di elementi che sono i metalli a quelli che sono non-metalli . Le colonne verticali della tavola periodica vengono chiamati gruppi . Tutti gli elementi all'interno di un gruppo hanno proprietà chimiche simili e sono a volte indicato come famiglie di elementi .

PERCHÉ elementi all'interno di un gruppo hanno SIMILE COMPORTAMENTO CHIMICO

Il numero atomico determina quanti elettroni negativi sono contenuti negli atomi di un particolare elemento ed è la struttura degli elettroni orbitano intorno al nucleo che determinano come elementi reagiscono uno con l'altro . Questa distribuzione degli elettroni nella valenza , o esterna , guscio atomico sono esposti ad altri atomi quando reagiscono . Elementi di cui valenza conchiglie sono completamente pieno sono estremamente stabili e sembrano reagire con quasi nient'altro . Quelli con conchiglie incomplete tenderà a reagire con altri atomi in modo che completeranno queste conchiglie . Atomi con configurazione simile valenza - shell hanno proprietà chimiche simili . Elementi nello stesso gruppo della tavola periodica hanno lo stesso numero di elettroni di valenza .

La tavola periodica allora è una mappa del modo in cui gli elettroni si dispongono in atomi di un particolare elemento . La possibilità di prevedere il comportamento chimico di un elemento basato sulla riga e colonna in cui si trova rende la tavola periodica uno strumento di riferimento prezioso per i praticanti della scienza .

IDROGENO
Numero atomico : 1
Simbolo chimico : H
Gruppo : 1A

Idrogeno consiste in nient'altro che un singolo protone , che serve come il suo nucleo , circondato da un singolo elettrone . La sua semplicità aiuta a spiegare perché è di gran lunga l'elemento più abbondante , che costituiscono il 93% di tutti gli atomi dell'universo . L'idrogeno è un gas che non ha odore o sapore , è completamente incolore ed estremamente flammable.The combinazione di idrogeno con l'ossigeno produce composto più comune , water.Hydrogen è contenuto anche in composti organici , composti biologici presenti negli organismi viventi , nei profumi , coloranti , pesticidi, DNA e proteine ! La lista potrebbe continuare all'infinito !

ELIO
Numero atomico : 2
Simbolo chimico : Lui
Gruppo gas nobili VIII Le A-

Come tutti i gas nobili , elio è incolore e odourless.Together idrogeno ed elio formano un sorprendente 99,9 % degli elementi dell'universo . Il suo nome deriva dal greco ' helios ', che significa che il ' sole ' . Elio dal sole è prodotto dalla fusione dell'idrogeno . Questa reazione fornisce l'energia che il sole irradia nello spazio . Elio ha una densità bassa ed è quindi utile in dirigibili e palloni giocattolo per la sua galleggiabilità in air.Astrnomers utilizzare il liquido estremamente freddo da elio per rimuovere 'rumore' termica rendendo più facile e più affidabile per ricevere i dati provenienti da galassie lontane .

LITIO
Numero atomico : 3
Simbolo chimico : Li
Metalli del gruppo IA- alcali

Il litio metallico è estremamente reattivo e si combina con alluminio per formare bassa densità , strutturalmente forte lega utilizzata in aerei e astronavi . E 'anche usato come terminale positivo o anodo in piccole batterie usate in macchine fotografiche, pacemaker e calcolatrici . Idrossido di litio è un molto efficiente purificatore d'aria . Assorbe CO2 dall'aria per formare carbonato di litio . Litio ha la più alta capacità termica di ogni elemento . Questa struttura rende materiale per trasferimento termico ideale ed esso è utilizzato nei reattori nucleari sperimentali di assorbire il calore prodotto dalla fissione di uranio .

In medicina carbonato di litio e citrato di litio sono noti come stabilizzatori dell'umore molto efficaci in malattia maniaco-depressiva .

BERILLIO
Numero atomico : 4
Simbolo chimico : Sarai
Gruppo IIA - I metalli alcalini Terra

Nella sua forma pura , berillio è una luce , abbastanza difficile , metallo grigio - bianco . Come tutti i metalli che compongono il gruppo alcalino terroso , è troppo chimicamente reattivo si trovano allo stato libero . Depositi di berillio minerale sono distribuiti in Brasile, Argentina e Stati Uniti . Cristalli di berillio sono noti per il loro aspetto squisita . Sia smeraldo e acquamarina sono naturalmente presenti forme preziose di questo minerale . Il berillio ha giocato un ruolo chiave nella scoperta del neutrone nel 1932 e rimane utile in ricerche sui nuclei atomici .

BORO
Numero atomico : 5
Simbolo chimico : B
III gruppo A

Il boro è un elemento fragile duro , , non metallico . Di solito è associato con l'ossigeno , acqua e sodio in un composto chiamato borace che viene utilizzato come agente di pulizia e addolcitore . Quando l'acqua è ammorbidito , il magnesio e il calcio sono sostituiti con sodio relativamente innocuo e potassio . Un altro composto del boro è borico aced utilizzato industrialmente per fare Pyrex , uno speciale vetro resistente al calore utilizzato nelle cucine . ' Canne ' boro sono fondamentali per l'utilizzo di reattori nucleari . Essi possono essere abbassati in un reattore di assorbire neutroni controllando così la potenza viene prodotto dal reattore .

CARBON
Numero atomico : 6
Simbolo chimico : C
Gruppo IV A

Carbon rappresenta solo lo 0,09% della crosta terrestre in massa , ma è l'elemento più essenziale per la vita sul nostro pianeta . Carbonio deve la sua posizione centrale nel mondo organico alla capacità dei suoi atomi di collegarsi con altri atomi di carbonio per formare lunghe catene che sono o lineare o ramificato . Una tale molecola a lungo incatenato nel DNA trovato nel materiale genetico di tutte le creature viventi . Gli elementi possono esistere in diverse forme naturali chiamati allotropi . Carbon è trovato nelle forme allotropiche di grafite , carbone e più spettacolare diamante.

AZOTO
Numero atomico : 7
Simbolo chimico : N
Gruppo V A

Azoto privo di qualsiasi proprietà di stimolazione senso e siamo costantemente respira in grandi quantità come inaliamo aria . Essa domina i gas nell'atmosfera terrestre che costituiscono circa il 78 % in volume . Forme azotate centinaia di migliaia di composti che sono cruciali per l'agricoltura e l'industria la più importante delle quali è l'ammoniaca . Nella sua forma gassosa , l'azoto viene spesso utilizzata in situazioni in cui è importante mantenere altri gas atmosferici più reattivi , lontano . Ad esempio , per evitare l'ossidazione del vino , bottiglie di vino sono spesso riempiti con azoto dopo il tappo viene rimosso .

OSSIGENO
Numero atomico : 8
Simbolo chimico : O
Gruppo VI A

L'ossigeno presente nell'atmosfera in acqua , e nella crosta terrestre in una grande varietà di rocce e minerali . È essenziale per la vita e la parte di ogni molecola biologica nei nostri corpi . Anche se molti processi naturali consumano ossigeno , è costantemente rifornito dalla fotosintesi delle piante così continuamente consumate e continuamente prodotte. Il chimico inglese Joseph Priestley è accreditato con la scoperta di ossigeno . Ha riscaldato un ossido di mercurio e ha rilevato che il gas emanava causato la candela di bruciare con un notevole brillante fiamma. Il gas era l'ossigeno !

FLUORO
Numero atomico : 9
Simbolo chimico : F

Gruppo VII A- gli alogeni
Il fluoro è il più piccolo , più leggero e l'alogeno più reattivo . Tutti gli atomi in questo gruppo prontamente si combinano con i metalli per formare sali. In molte parti del mondo fluoruro di sodio viene aggiunto alle forniture di acqua pubblica . La ricerca ha dimostrato che piccole quantità di fluoro possono ritardare lo sviluppo di cavità nei denti . In presenza di idrogeno , fluoro brucia con forza esplosiva producendo acido fluoridrico

che quando disciolto in acqua forma acido fluoridrico . E ' estremamente pericoloso .
Tuttavia , è usato per sciogliere vetro ed è usato per incidere disegno su oggetti in vetro .

NEON
Numero atomico : 10
Simbolo chimico : Ne
Gruppo VIII A- gas nobili

Neon come tutti i gas nobili è monoatomico . Le insegne al neon familiari in storefront e
di ristorazione finestre contengono gas neon che si illumina quando viene alimentato da
una scarica elettrica . Quando questo accade , atomi di neon nel gas emettono
radiazioni sotto forma di luce rosso - arancio . Gas diversi sono usati per produrre
segnali di diversi colurs . Ogni gas quando eccitato irradia il suo colore caratteristico .
Neon commerciale è prodotta negli impianti di liquefazione . Perché neon ha un punto
di ebollizione di -229 gradi centigradi , rimane come residuo dopo l'azoto più volatili e
ossigeno hanno bollito off !

SODIO
Numero atomico : 11
Simbolo chimico : Na
Gruppo IA - I metalli alcalini

Il sodio è una luce brillante metallo argenteo estremamente reattivo abbastanza per
galleggiare sull'acqua e abbastanza morbido per essere tagliato con un coltello . Si
tratta di una parte di molti composti importanti che si trovano ampiamente distribuiti in
tutta la terra . Cloruro di sodio , il nome chimico di sale da tavola è estratto in grandi
quantità di depositi di sale naturale . Bicarbonato di sodio comunemente noto come il
bicarbonato di sodio è usato per fare prodotti da forno sorgere quando viene riscaldato
o pasta sfoglia aumento volta cotta . E 'anche usato per neutralizzare eccessiva acidità
di stomaco e come agente negli estintori .

MAGNESIO
Numero Atomico: 12
Simbolo chimico : Mg
Il gruppo A- I metalli alcalini Terra

Il magnesio è presente in grandi quantità in acqua di mare che gli oceani di tutto il
mondo contengono un approvvigionamento quasi illimitato del materiale disciolto . Il suo
grande vantaggio è che è molto leggero , che lo rende ideale anche per la fabbricazione
di automobili e aerei di ricambio , utensili elettrici , alloggiamenti tosaerba e moto da
corsa . Il magnesio è anche importante per una corretta alimentazione nell'uomo perché
è essenziale per il corretto funzionamento di numerosi enzimi . Esso svolge anche un
ruolo cruciale nel make- up delle clorofille verdi presenti in tutte le cellule vegetali verdi.

ALLUMINIO
Numero atomico : 13
Simbolo chimico : Al
III gruppo A

Di solito si trovano in natura combinato con l'ossigeno , l'alluminio è il metallo più abbondante nella crosta terrestre . È leggero e buon conduttore di elettricità , due proprietà che lo rendono un ingrediente ideale per una vasta gamma di prodotti . E 'un eccellente riflettore di radiazione e viene utilizzato per vari tipi di antenne, riflettori di calore, e specchi solari . Al di là di queste altre proprietà , alluminio è abbastanza reattiva . Esso forma uno strato di ossido che impedisce ulteriori reazioni con l' ambiente in modo che di solito è considerato resistente alla corrosione . L'alluminio è anche atossico , inodore e insapore .

SILICONE
Numero atomico : 14
Simbolo chimico : Si
Gruppo IV A

Composti di silicio legato chimicamente con l'ossigeno compongono la maggior parte di sabbia, rocce e il suolo della terra . Oggi silicio costituisce la base della microelettronica . L'uso di chip di silicio nei circuiti stampati ha permesso stanza il restringimento computer dimensionato in quelli che possono riposare in grembo . Il composto di silicio più importante è la silice che esiste in due forme - quarzo e selce . Piccole gemme e pietre semi -preziose sono cristalli di quarzo con impurità colorate. Silice viene utilizzato nella produzione di vetro . Ceramica e siliconi sono altre importanti classi di composti a base di silicio .

FOSFORO
Numero atomico : 15
Simbolo chimico : P
gruppo VA

Il fosforo è stato scoperto dal medico Hennig Brand nel 1669. Ha distillato residuo da bollito giù urine e ha ottenuto qualcosa che brillava nel buio e ha preso fuoco in aria calda. Fosforo e emissione di luce sono ancora legati al fenomeno noto come fosforescenza . Solfuro di zinco è il materiale fosforescente che emana scintillazioni di luce quando viene colpito da elettroni in rapido movimento . Questo effetto sul rivestimento del tubo televisione produce l'immagine TV . Quasi tutti fosforo utilizzati commercialmente è quello di rendere acido fosforico . Il suo utilizzo principale è nella produzione di fertilizzanti , suolo , senza fosforo è sterile . Comunemente si trovano in due forme cioè rosso e giallo , il primo è usato per fare fiammiferi di sicurezza .

ZOLFO
Numero atomico : 16
Simbolo chimico : S
Gruppo VI A

Lo zolfo è un non - metallo reattivo presente in natura sia allo stato elementare libera e in forma di minerali e minerali ampiamente distribuiti . Alcuni minerali comuni di zolfo sono di gesso cioè solfato di calcio e pirite spesso conosciuto come il ' oro dello sciocco ' . Oltre alla loro importanza nella realizzazione di fertilizzanti artificiali , conservazione degli alimenti , candeggio tessile e pulitura dei metalli , composti di zolfo hanno centinaia di altri usi nel recupero metalli dai minerali , rendendo gomma , detergenti , vernici e coloranti e fibre sintetiche . Infatti il livello di una nazione di sviluppo industriale è determinato dal suo consumo pro capite di zolfo .

CLORO
Numero atomico : 17
Simbolo chimico : Cl
Gruppo VII A- gli alogeni

Il cloro è un gas biatomico tossico giallo verde . L'inalazione anche una piccola quantità può causare gravi danni ai polmoni . La tossicità del cloro rende un ottimo disinfettante per piscine e forniture di acqua . Un importante composto di cloro è il cloruro di idrogeno , un gas che si scioglie in acqua per produrre acido cloridrico . L'acido cloridrico è presente nel succo gastrico dello stomaco dove serve per attivare digestione di proteine . Grandi quantità di cloro sono stati usati per produrre insetticidi . Molti sono stati recentemente vietato in quanto sono considerati come inquinanti ambientali.

ARGON
Numero atomico : 18
Simbolo chimico : Ar
Gruppo VIII A- gas nobili

Nel 1894 , argon è diventato il primo gas nobile di essere scoperti . Le sue applicazioni commerciali utilizzano la mancanza di reattività . Argon è il prodotto di decadimento di un importante radio- isotopo utilizzato per la datazione di campioni di roccia , tecnica di potassio - 40.The è chiamato datazione potassio - argon . Il potassio ha una emivita insolitamente lunga 1,25 miliardi di anni ed è presente in molte rocce . Quando il potassio 40 decade , si trasforma in argon . Di conseguenza, si può determinare l'età di una roccia da determinare quante argon è presente . Le rocce più antiche della terra sono stati determinati con questo metodo come 3,8 miliardi anni fa.

POTASSIO
Numero atomico : 19
Simbolo chimico : K
Gruppo IA I metalli alcalini

Il potassio è estremamente reattivo , quindi, non si trova mai allo stato libero in natura . Si trova in acqua di mare , anche se in piccole quantità di sodio , l'equivalente chimico. Potassio è essenziale per la crescita delle piante tanto del potassio in minerali disciolti viene assimilato dalle piante prima di raggiungere il mare . Un isotopo naturale di potassio è corpo potssium - 40.Human contiene 140 grammi di potassio . Dal momento che l'abbondanza di potassio - 40 è 0,012 per cento , siamo tutti in parte fatti di questo isotopo reattiva . Si tratta di un importante contributo alla nostra dose di vita di radiazioni

CALCIO
Numero atomico : 20
Simbolo chimico : Ca
Il gruppo A- I metalli alcalini Terra

Il calcio è un ingrediente importante per una vasta gamma di organismi viventi . Denti umani e ossa contengono calcio e gli organi marini costruiscono i loro gusci di carbonato di calcio . Lime , un composto di calcio è una sostanza chimica industriale essenziale . Uno dei suoi primi impieghi sia in illuminazione teatrale . Quando la calce viene riscaldato ad una temperatura elevata , emana una luce bianco-bluastro intenso . E 'stato utilizzato nel 19 ° secolo per illuminare gli attori che hanno dato origine alla frase ' sotto i riflettori '. Probabilmente il più importante uso moderno di calce è nella produzione di ferro dai suoi minerali .

SCANDIUM
Numero atomico : 21
Simbolo chimico : Sc
Gruppo III B prima riga TRANSIZIONE

Lo scandio dirige i primi elementi di transizione fila . Tutti sono abbastanza metalli reattivi e molti sono estremamente pericolosi. Scandio è un metallo molto leggero con un punto di fusione relativamente elevato ed una buona resistenza alla corrosione . Queste proprietà hanno reso di grande interesse per l'industria aerospaziale per la costruzione di un aeromobile . Lo scandio costituisce pochi composti utili. Il metallo si è trovato una certa applicazione in dispositivi elettronici come lampade ad alta intensità che producono luce con un valore di colore vicino a quello della luce solare . Le lampade di questo tipo sono spesso utilizzati per illuminare gli stadi di calcio .

TITANIUM
Numero atomico : 22
Simbolo chimico : Ti
Gruppo IV B prima riga Elemento di transizione

Titanium allo stato puro è un metallo che è facile da lavorare e abbastanza duttile o in grado di essere coinvolto in filo . Nonostante il suo peso leggero , è insolitamente forte e praticamente immune alle consuete tipologie di fatica dei metalli . Essa ha anche una straordinaria resistenza alla corrosione in modo che abbia tutte le proprietà necessarie per renderlo un materiale ideale per motori a reazione e razzi . Il composto più importante è il biossido di titanio una sostanza con intenso colore bianco brillante che viene utilizzato come pigmento per vernici , carta e plastica .

VANADIUM
Numero atomico : 23
Simbolo chimico : V
Gruppo VB prima riga TRANSIZIONE

Il vanadio è un metallo lucido brillante che è abbastanza morbido ed estremamente resistente alla corrosione . Un professore messicano di mineralogia e cioè Andrés Manuel del Rio scoperto vanadio nel 1801 . E 'stato poi chiamato dopo la dea scandinava Vanadis a causa dei suoi molti composti splendidamente colorate . Circa l'80 % del vanadio prodotto negli Stati Uniti va nella fabbricazione dell'acciaio .

CROMO
Numero atonica : 24
Simbolo chimico : Cr
Gruppo VI B prima riga TRANSIZIONE

Il cromo è stato nominato dalla parola greca ' chroma ' significato del colore . Il bel colore di molte preziose gemme rosso di rubini , il verde tipico degli smeraldi , è dovuto alla presenza di quantità in tracce di cromo . Il metallo è solitamente estratto da cromite , un ossido di cromo che è la più importante minerale . Se esposto all'aria , cromo forma un ossido invisibile che rende estremamente resistente alla corrosione e molto utile sia come rivestimento decorativo e protettivo su altri metalli quali ottone , bronzo e acciaio . Il cromo è usato anche per produrre acciaio inox .

MANGANESE
Numero atomico : 25
Simbolo chimico : Mn
Gruppo VII B prima riga TRANSIZIONE

Il manganese è un metallo grigio-bianco duro che sembra e ha molte proprietà simili al ferro . Aggiunta di manganese all'acciaio rende insolitamente duro e resistente agli urti . Tale inossidabile è ideale per l'uso nelle canne dei fucili , i caveau , binari ferroviari e macchine movimento terra . Manganese aggiunge anche la durezza , la resistenza e la resistenza alla corrosione di leghe di alluminio e magnesio . Il permanganato di potassio composto ha un colore violaceo che a volte è visto in vetro antico . Anche se i produttori di vetro non utilizzano più il manganese , la sua capacità di colorare gli oggetti viene utilizzato per illuminare ceramica e ceramica .

IRON
Numero atomico : 26
Simbolo chimico : Fe
Gruppo VIII B prima riga TRANSIZIONE

Il ferro è probabilmente il metallo più comune nella società umana . Se stiamo usando un cacciavite o in sella a una macchina o di un treno , l' importanza e l'utilità di ferro come materiale strutturale è evidente . L'interno della terra noto come nucleo è fatto di ferro fuso . La capacità di raffinare il metallo servito come una pietra miliare nello sviluppo umano conosciuto come l'Età del Ferro (1000 aC) . Suo vantaggio scoperta di strumenti e armi che erano più duro e più durevole rispetto a quelli dell'età del bronzo . Oggi più del 90% di tutti i metalli raffinati è il ferro .

COBALTO
Numero atomico : 27
Simbolo chimico : Co
Gruppo VIII B prima riga TRANSIZIONE

Un importante minerale di cobalto è cobaltite . Il metallo puro è ottenuto per torrefazione questo minerale . Il nome cobalto deriva dal ' folletto ' tedesca che si riferisce ad uno spirito maligno . Minatori dice spesso che gli incidenti che si verificano nella mente sono stati causati da ' Kobold ' . Il cobalto viene aggiunto all'acciaio per migliorare la resistenza alla corrosione . Quando cobalto è mescolato con tungsteno e rame , forma Stellite , un metallo che mantiene la sua durezza a temperature elevate che lo rendono ideale per punte ad alta velocità e strumenti di taglio . Come cobalto ferro è facilmente magnetizzato . La sostanza magnetico potente noto come alnico è una lega di cobalto , alluminio e nichel .

NICKEL
Numero atomico : 28
Simbolo chimico : Ni
Gruppo VIII B prima riga TRANSIZIONE

Il nichel viene spesso aggiunto ad altri metalli come ferro e acciaio per formare leghe resistenti all'ossidazione . Nichelcromo il metallo usato per fare gli elementi riscaldanti in tostapane forni elettrici è una lega di cromo e nichel . L'elevata resistenza elettrica di nichelcromo combinato con il suo alto punto di fusione , è un materiale molto efficiente per convertire energia elettrica per riscaldare . Un uso importante del metallo è in batterie al nichel - cadmio . Questa batteria è ricaricabile che lo rende particolarmente utile in calcolatrici , computer e rasoi elettrici cordless .

RAME
Numero atomico : 29
Simbolo chimico : Cu
Gruppo IB prima riga TRANSIZIONE

Un uso familiare di acqua nei tubi che portano l' acqua in cucina . Perché il rame è uno dei migliori conduttori di elettricità , fili di rame sono ampiamente utilizzati per trasmettere energia elettrica da centrali elettriche a case, uffici , fabbriche e altri edifici e dalle prese a muro agli elettrodomestici . Il rame una volta è stato utilizzato per rendere i pulsanti per le giacche uniformi di poliziotti da qui il ' rame ' colloquiale per la polizia. Ottone , una lega di rame e zinco ha una grande varietà di usi dall'hardware al zinco .

ZINC
Numero atomico : 30
Simbolo chimico : Zn
I gruppo B prima riga TRANSIZIONE

Nel suo stato puro , lo zinco è un duro, fragile , metallo argenteo . E 'relativamente resistente alla corrosione e rapidamente forma un rivestimento di ossido duro che impedisce di reagire ulteriormente con l'aria . Nel processo chiamato zincatura , uno strato di zinco è rivestito su acciaio per prevenire la corrosione . Il metallo ha molti altri usi . Uno dei più importanti è la batteria a secco comune . Dal 1981 lo zinco ha servito come il metallo principale nella penny Stati Uniti . Lo zinco è anche combinato con il rame per formare ottone.

GALLIUM
Numero atomico : 31
Simbolo chimico : Ga
Gruppo III Un Post transizione metallo

Il gallio è un metallo estremamente morbido , con un punto di fusione molto basso ed un punto di ebollizione molto elevata di 2403 gradi centigradi . La gamma di temperature a cui gallio è liquida è la più grande di qualsiasi metallo noto . Questo lo rende utile per particolari termometri alto grado . Fino erano conosciuti poco alcune applicazioni pratiche di gallio . Questo cambia rapidamente con la scoperta che arseniuro di gallio potrebbe funzionare come un diodo laser e convertire energia elettrica direttamente in luce laser . Diodi emettitori di luce sono utilizzati in una vasta gamma di orologi e giocatori AUTODISC .

GERMANIO
Numero atomico : 32
Simbolo chimico : Ge
Gruppo IV A Metalloid

Germanio è un elemento solido grigio scuro relativamente rari . Non si trova mai in forma pura in natura, ma combinato con l'ossigeno . Germanio è chiamato un semiconduttore . L'aggiunta di piccole quantità di impurità aumenta notevolmente la sua capacità di condurre elettricità . Germanio ' drogato ' è usato per fare transistor che sono al cuore dell'industria dell'elettronica stato solido . Con doping decine di migliaia di transistor possono ora essere formata su un piccolo chip germanio che in effetti diventa un piccolo computer . Tali materiali hanno reso possibile la rivoluzione nel campo dell'elettronica miniaturizzazione .

ARSENICO
Numero atomico : 33
Simbolo chimico : Come
Gruppo VA Metalloid

L'arsenico è un cristallino solido fragile a temperatura ambiente . Nella forma di ossido arsenious è un veleno noto . Viene utilizzato come diserbante ed insetticida . Arsenico come il veleno ha catturato l'immaginazione di molti uno scrittore crimine . Prima i recenti progressi nelle tecniche di polizia scientifica , era impossibile rilevare nel corpo della vittima . Anche se un veleno , composti di arsenico sono stati utilizzati per scopi medicinali pure, il più noto '606 benessere ' ideato da Paul Ehrlich come una cura per la sifilide .

SELENIO
Numero atomico : 34
Simbolo chimico : Se
Gruppo VI A Metalloid

Minerali cuscinetto Selenio sono troppo scarsi per essere estratto con profitto . Poiché il metalloide si trova in compagnia di rame e zolfo , quasi tutti selenio viene recuperato come bye sottoprodotto della raffinazione del rame e la produzione di acido solforico . Il selenio esiste in due forme - rosso e grigio . Selenio grigio è un fotoconduttore infatti anche se un cattivo conduttore di elettricità ordinariamente , diventa e ottimo conduttore in presenza di luce . Questo rende il selenio prezioso come un sensore di luce in robotica e metri di luce .

BROMO
Numero atomico : 35
Simbolo chimico : Br
Gruppo VII A II Alogeni

Il bromo è un liquido rossastro con un odore acre . Il suo nome deriva dal greco che significa bromos puzza. Il bromo può essere trovato in acqua di mare , miniere di sale sotterranee , pozzi e salamoia profondi . Un uso importante di bromo è nella produzione di un additivo per benzina chiamato dibromoetilene . Questo composto rimuove gli additivi di piombo dopo la combustione della benzina impedendo la formazione di depositi di piombo . Il bromo è estremamente tossico e brucia la pelle . Inoltre i suoi vapori nocivi possono danneggiare naso e gola .

KRYPTON
Numero atomico : 36
Simbolo chimico : Kr
Gruppo VIII A gas nobili

Nel 1933 Linus Pauling ha contestato l'idea che i gas nobili sono chimicamente inerte . L'esistenza del composto ha predetto di cripton e fluoro è stata confermata nel 1966 . Krypton è inodore , insapore , incolore gas completamente innocuo . Suo utilizzo principale è in luci " neon " che fanno parte del paesaggio moderno . Quando sigillato in un tubo di vetro e sottoposto a scariche elettriche , krypton produce un colore viola pallido utilizzato per pista dell'aeroporto e di avvicinamento luci. Krypton viene usato anche miscelato con xeno ad alta intensità , breve esposizione lampade flash fotografico o luci stroboscopiche .

rubidio
Numero atomico : 37
Simbolo chimico : Rb
Gruppo IA I metalli alcalini

Il rubidio è un argenteo metallo altamente reattivo , molto morbido che brucia spontaneamente quando esposto all'aria . Inoltre reagisce violentemente con l'acqua con le grandi quantità di idrogeno che scoppia immediatamente in fiamme a causa del calore generato dalla reazione . Rubidio è troppo reattiva ad esistere come metallo puro in natura e pochi minerali cuscinetti rubidio è noto . Rubidio ha poco valore commerciale . Il metallo è stato scoperto nel 1861 dai chimici tedeschi Robert Bunsen e Gustav Kirchoff . Hanno identificato dal righe spettrali come impurezza tra molti metalli alcalini che stavano indagando .

sTRONZIO
Numero atomico : 38
Simbolo chimico : Sr
Gruppo IIA I metalli alcalini Terra

Lo stronzio ha poco uso commerciale e suoi composti hanno trovato solo un'applicazione limitata nel settore . Poiché i sali di stronzio quali il carbonato di stronzio emettono un caratteristico colore rosso quando bruciano , sono utilizzati in razzi di avvertimento autostrada e fuochi d'artificio . Uno degli isotopi di stronzio , Sr- 90 è un radioattivo per prodotto di esplosioni nucleari e possono contaminare le grandi aree di ambiente attraverso ricaduta dall'atmosfera. Poiché lo stronzio 90 è prodotto ogni volta che l'uranio subisce fissione , operatori di reattori nucleari deve essere costantemente in guardia per impedire il suo rilascio accidentale nell'ambiente .

ITTRIO
Numero atomico : 39
Simbolo chimico : Y
Gruppo III B TRANSIZIONE

L'ittrio si trova in piccole quantità nella crosta terrestre , ma le rocce portate indietro dalla Luna aveva un inaspettatamente elevato contenuto di ittrio. Quando la temperatura viene abbassata a pochi gradi sopra lo zero assoluto , quasi tutti i metalli non mostrano alcuna resistenza elettrica . Temperature estremamente basse sono impraticabili tuttavia. Nel 1987 scienziati annunciato la scoperta di un composto di ossido di ittrio , bario e rame che è stato superconduttore a 93 gradi Kelvin . Altri miscugli di questo elemento sono indagati e non vi è ottimismo che uno di loro risultano essere una pratica superconduttore ad alta temperatura .

ZIRCONIUM
Numero atomico : 40
Simbolo chimico : Zr
Gruppo IV B TRANSIZIONE

Zirconio è un forte , metallo resistente . La sua capacità di resistere alle alte temperature rende un ingrediente ideale per materiali resistenti al calore del veicolo spaziale. Il composto più noto di zirconio è la zircone metallo . È noto fin dall'antichità e perfino di cui nella Bibbia . Trovato in un'ampia varietà di colori , quando il cristallo è tagliato e lucidato è considerato come un semi gemma preziosa . Zircon ha un altissimo indice di rifrazione . A causa di questo , i suoi cristalli incolori hanno una brillantezza insolita e sono a volte utilizzati come sostituti per i diamanti .

NIOBIUM
Numero atomico : 41

Simbolo chimico : Nb
Gruppo VB TRANSIZIONE

Il niobio metallo è stato importante nella storia della superconduttività ad alta
temperatura . Una lega di niobio e germanio ha la capacità di sopportare correnti
elevate consentono la costruzione di magneti superconduttori per strumenti quali
magnetica nucleare
Scanner a risonanza utilizzati in medicina diagnostica . Niobio viene aggiunto all'acciaio
per scopi speciali . A temperature elevate i confini tra i piccoli grani che compongono
acciaio inox indeboliscono e corrodono più facilmente rispetto al resto dell'acciaio .
L'aggiunta di niobio impedisce che ciò accada consentendo in acciaio per resistere a
temperature molto più alte condizioni di stress estremo.

MOLYBDENUM
Numero atomico : 42
Simbolo chimico : Mb
Gruppo VI B TRANSIZIONE

Il molibdeno è un metallo argenteo duro . Abbastanza grandi depositi di molibdenite si
trovano in Colorado , negli Stati Uniti . Acciaio contenente molibdeno è adatto per
aeromobili e motori auto parti . È in grado di resistere a temperatura e pressione
cambiamenti che costantemente posto in un motore . Per lo stesso motivo è usato nella
fabbricazione di fucili e cannoni . Uno degli isotopi radioattivi , molibdeno -99 viene
utilizzato negli ospedali per generare tecnezio -99 , che è molto utile per scattare foto di
organi interni dopo essere stato preso internamente .

Il tecnezio
Numero atomico : 43
Simbolo chimico : Tc
Gruppo VII B TRANSIZIONE

Il tecnezio è stato il primo elemento ad essere prodotto in laboratorio da un altro
element.Logically prende il nome dalle teknetos greco che significa artificiale. Ogni
isotopo è radioattivo e decade per formare un isotopo di un elemento diverso . Oggi
reattori nucleari producono uno dei più utili isotopi del tecnezio , tecnezio - 99m .
Quando in iniettato nelle vene di un paziente , l'isotopo si concentrerà in alcuni organi
del corpo e la sua radioattività esporrà una lastra fotografica rivelando come questi
organi sono funzionanti.

RUTHENIUM
Numero atomico : 44

Simbolo chimico : Ru
Gruppo VIII B TRANSIZIONE

Il rutenio è un elemento raro che di solito è recuperato come sottoprodotto della raffinazione di minerali di platino . Principalmente rutenio viene usato come catalizzatore per i processi industriali . E 'stato usato come catalizzatore per ottenere idrogeno gassoso direttamente molecole d'acqua scissione piuttosto che da electrolysis.Rutheniumis utilizzati anche un'attività di gioielleria come additivo indurimento al platino ed è spesso aggiunto al titanio per migliorare la resistenza alla corrosione . Altre leghe di rutenio sono usati in punti penna stilografica e contatti elettrici speciali .

RHODIUM
Numero atomico : 45
Simbolo chimico : Rh
Gruppo VIII B TRANSIZIONE

Il rodio è un raro , estremamente duro metallo grigio argenteo . Fu scoperta da William Wollaston nel 1803 . Ha chiamato dopo la rhodon parola greca rosa perché molti dei sali sono di colore rosa. Viene usato nei convertitori catalitici delle automobili . I gas di scarico sono una delle principali fonti di inquinamento atmosferico . Il convertitore catalitico è riempito con piccole perline catalitici contenenti platino , palladio e rodio che convertono i gas di scarico caldi che passano attraverso di essi in prodotti innocui .

PALLADIUM
Numero atomico : 46
Simbolo chimico : Pd
Gruppo VIII B TRANSIZIONE

Il palladio è un metallo bianco argenteo morbido che assomiglia platino. E 'estremamente malleabile e duttile . Un uso interessante di palladio emerse quando fu casualmente determinato che era utile nel trattamento di tumori inibendo la divisione cellulare ed era relativamente priva di effetti collaterali . Con un tempo di dimezzamento di soli 17 giorni , l'isotopo palladium103 in grado di fornire potenti dosi di radiazioni per distruggere il cancro e poi scomparire dopo poco più di un mese .

SILVER
Numero atomico : 47
Simbolo chimico : Ag
Gruppo IB TRANSIZIONE (coniatura Metal)

L'argento è uno dei pochi metalli trovati in stato libero in natura e il suo simbolo Ag deriva dal argentum parola latina che significa argento. E 'stato un metallo di conio sin dai tempi biblici forse anche prima . Di tutti i metalli , l'argento è il migliore conduttore di calore ed elettricità . Non è generalmente utilizzato nel cablaggio casa a causa dei costi ma ampiamente utilizzato nella fabbricazione di apparecchiature elettroniche di alta qualità .

CADMIO
Numero atomico : 48
Simbolo chimico : Cd
II Gruppo B TRANSIZIONE

Il cadmio è presente in così grande quantità di minerali di zinco che è generalmente considerato un sottoprodotto dello zinco raffinazione. L'uso principale del metallo è in galvanoplastica di acciaio per impedire la corrosione. Viene utilizzato meno spesso di zinco perché è meno abbondante e ha una propensione a causare problemi di salute . La capacità di cadmio di assorbire i neutroni è di grande importanza nella progettazione di barre di controllo del reattore nucleare . Cadmio è utilizzato anche come pigmento rosso e giallo nel fare vernice .

INDIUM
Numero atomico : 49
Simbolo chimico : In
Gruppo III Un Post metallo di transizione

L'indio è un raro metallo bianco bluastro abbastanza morbido per lasciare tracce di sé quando vigorosamente strofinata contro altri metalli . Pure indio ha poche applicazioni commerciali ed è utilizzato principalmente come lega con altri metalli . Le leghe di indio e argento e indio e piombo sono conduttori migliori di argento o piombo da solo . Essi hanno anche trovato impiego nella fabbricazione di transistor e fotocellule . I fogli di indio sono spesso inseriti nei reattori nucleari per controllare la reazione nucleare . La velocità con cui tali lamine diventano radioattivi serve come misura di valore delle reazioni che avvengono .

TIN
Numero atomico : 50
Simbolo chimico : Sn
Gruppo IV A Messaggio transizione metallo

Tin stato tra i primi metalli usati dagli esseri umani . Bronzo, una lega di rame e stagno è stato utilizzato in Egitto più di 5000 anni fa . Oggi è usato principalmente come agente legante e per rendere piatto di latta che è un foglio di acciaio ricoperto con un sottile strato di stagno . Perché stagno protegge l'acciaio da acidi alimentari , banda stagnata è stato usato per fare lattine per alimenti , ma ora è stato ampiamente sostituito da plastica e alluminio . Si tratta di uno dei metalli più malleabili conosciuti .

ANTIMONIO
Numero atomico : 51
Simbolo chimico : Sb
Gruppo VA Metalloid

L'antimonio è un duro, fragile , cristallino, grigiastro , solido . Anche se noto come metallo , è un cattivo conduttore di elettricità . Il minerale che serve come fonte primaria è il stibnite minerale . Un composto nero , è stato utilizzato in tempi antichi per scurire le sopracciglia delle donne. Un uso importante per l' antimonio è partita la sicurezza comune . La testa del fiammifero contiene una miscela di antimonio trisolfuro e un agente ossidante come clorato di potassio . Antimonio ha pochi altri usi commerciali . Come lega può aumentare la durezza di molti metalli .

TELLURIO
Numero atomico : 52
Simbolo chimico : Te
Gruppo VI A Metalloid

Tellurio è un raro metalloide bianco-argenteo . A differenza dei metalli tipici , è fragile e un cattivo conduttore di elettricità . Tellurio è uno dei pochi elementi che si combina con l'oro . I composti che sono chiamati forme tellururi oro e fanno un componente molto importante di minerali contenenti oro . Tellurio è spesso ottenuto come prodotto di raffinazione di oro e anche di rame . L'uso principale di tellurio è come additivo di metalli come rame e acciaio inox per creare una lega che è più facile da lavorare rispetto al metallo originale .

IODIO
Numero atomico : 53
Simbolo chimico : I
Gruppo VIIA gli alogeni

Lo iodio è un viola solido nero trovato in alghe , pozzi salamoia e in mare . Sebbene un veleno , uno dei suoi usi più comuni è come una soluzione antisettica tintura di iodio . Sali di iodio vengono aggiunti al sale da tavola e mangimi . Questo viene fatto come lo iodio è un importante costituente della tiroxina ormone secreto dalle ghiandole tiroidee e aiuta a garantire che le funzioni della ghiandola correttamente . Ioduro d'argento ha la capacità di formare enorme numero di cristalli ben un milione di miliardi da un grammo - che agiscono come nuclei per la formazione della goccia di pioggia .

XENON
Numero atomico ; 54
Simbolo chimico : Xe
Gruppo VIII A gas nobili

Xenon esiste in atmosfera solo in tracce . Come gli altri gas nobili esiste come molecola monoatomico che ha odore colore o sapore . Nel 1962 , Neil Bartlett chimico inglese ha fatto il primo composto gas nobile . Ha combinato xeno e l'esafluoruro di platino e con suo grande stupore ha ottenuto un solido composto, giallo-arancio che consisteva di molecole di xeno , platinim e fluoro . Ad oggi xenon e cripton sono gli unici gas nobili conosciuti per formare composti . Come altri gas nobili , xenon viene utilizzato in tubi a scarica elettrica per produrre luce .

cesio
Numero atomico : 55
Simbolo chimico : Cs
Gruppo IA I metalli alcalini

Pure cesio è il metallo più morbido noto . La sua estrema reattività ha reso utile nella rimozione di gas indesiderati dai sistemi di aspirazione , per esempio all'interno di un tubo televisivo . L'isotopo cesio -133 serve come misura ufficiale del mondo del tempo . Il secondo è misurata in termini di radiazione emessa dal cesio 133 quando è eccitato da una fonte di energia esterna piuttosto che in termini di rotazione della terra intorno al sole , come ha usato essere . Il secondo è descritto come il tempo trascorso esattamente 9.192.531,77 mille vibrazioni della radiazione emessa da caesuim - 133 atomo .

BARIUM
Numero atomico : 56
Simbolo chimico : Ba
Gruppo IIA I metalli alcalini Terra

Nella forma di sale solubile , bario è abbastanza tossico . D'altra parte in forme insolubili è innocuo per il corpo umano . Radiologi utilizzano solfato di bario per esaminare tratto intestinale di un paziente con Xrays.Barium solfato ha anche una serie di altri usi in base alla sua scarsa solubilità in acqua e di colore bianco . Viene utilizzato come sbiancante su lastre fotografiche e come riempitivo per iscritto carta, plastica e fibre artificiali . Bario metallico ha poche applicazioni commerciali a causa della sua disponibilità a reagire con l'ossigeno e l'umidità .

lantanio
Numero atomico : 57
Simbolo chimico : La
Gruppo III B Rare Earth Element (Lanthanides)

Il lantanio è il primo della serie di rare elemento terra . E ' comune trovare molti elementi rari mescolati insieme in un unico minerale . Probabilmente l' uso più importante di composti lantanidi è nella fabbricazione di elettrodi per le alte intensità lampade ad arco di carbonio utilizzati nel proiettori , illuminazione in studio e proiettori cinematografici . Lantanio e dei suoi isotopi si trovano nei frammenti che sono prodotte quando fissioni di uranio . Era la scoperta degli isotopi di lantanio così come quelli di bario dal chimico tedesco Otto Hahn che alla fine portano all'idea di fissione nucleare .

CERIO
Numero atomico : 58
Simbolo chimico : Ce
Gruppo III B Rare Earth Elements (Lanthanides)

Il cerio è stato chiamato dopo l'asteroide Cerere la cui scoperta nel 1801 causato grande eccitazione nel mondo scientifico . La forma metallica pura di cerio non era preparato fino al 1875 . È un metallo grigio ferro che è abbastanza malleabile e duttile . Composti del cerio come quelli di lantanio sono utilizzati commercialmente per formare elettrodi delle lampade ad alta intensità di carbonio arco . Come cerio ossido è usato come additivo per le pareti di forni autopulenti dove sembra impedire l'accumulo di residui di cottura .

praseodimio
Numero atomico : 59
Simbolo chimico : Pr
Gruppo III B Rare Earth Elements (Lanthanides)

E 'stato scoperto da Carl Auer von Welsbach , un barone austriaco che aveva interesse a mineralogia . Il metallo puro è isolato dai suoi minerali da tecnica di scambio ionico . Un processo di scambio consente di isolare un tipo di ione sostituendolo con un altro . In un tale processo, l' ingrediente attivo è una resina costituita da grandi molecole che hanno una struttura reticolare . La resina contiene ioni mobili vagamente collegati alla rete . Quando una soluzione contenente gli altri ioni viene fatta passare attraverso la resina , che sostituiscono gli ioni mobili che poi diffondono dalla rete .

NEODIMIO
Numero atomico : 60
Simbolo chimico : Nd
Gruppo III A elementi delle terre rare (lantanidi)

Si tratta di una sostanza magnetica utilizzata per creare alcuni dei più potenti magneti al mondo . I SuperMagneti sono conosciuti come magneti NIB quanto contengono ferro e boro come well.They sono così forti che due piccoli magneti con la stampa su entrambi i lati di una mano senza cadere . Un magnete Nd solo con diametro mezzo pollice è abbastanza forte per rispondere a materiali magnetici in inchiostro per stampa utilizzato

in carta moneta e può essere utilizzato per rilevare contraffatte . E 'utilizzato anche in
rosa vetri colorati !

prometeo
Numero atomico : 61
Simbolo chimico : Pm
Gruppo III B Rare Earth Elements (Lanthanides)

Nessuna traccia di promezio è stato trovato sulla crosta terrestre , ma è stato
identificato nello spettro di diverse stelle nella Galassia di Andromeda . Si tratta di un
elemento raro sintetico prodotto negli acceleratori nucleari e reattori nucleari . Quando
neodimio è sottoposto alla radiazione neutronica intensa presente in un reattore , viene
convertito in promezio . 28 isotopi dell'elemento Finora sono stati sintetizzati tutto
essendo radioattivi . Molto poco si sa delle proprietà chimiche e fisiche del promezio
puro .

samario
Numero atomico : 62
Simbolo chimico ; Sm
Gruppo III B Rare Earth Element (Lanthanides)

I principali minerali del samario sono bastnasite e monazite . Minerali monazite spesso
contenenti fino al 50 % del loro peso in terre rare sono trovato in sabbie fluviali in India
e in Brasile e in spiaggia della Florida sand.In sua forma pura samario ha una
lucentezza bianco-argenteo ed è abbastanza resistente all'ossidazione . Il metallo viene
tuttavia autoinnescarsi a basse temperature . Alcuni composti di questo elemento sono
usati per fabbricare magneti permanenti . Ossido di samario è un eccellente assorbitore
di radiazione infrarossa e si aggiunge a tale scopo a vari tipi di vetro e fosforo sensibile
all'infrarosso .

europio
Numero atomico : 63
Simbolo chimico ; Eu
Gruppo III B Rare Earth Element (Lanthanides)

Europio è uno dei più rari dei metalli delle terre rare . Nel 1901 chimico francese
Eugene- Anatole Demarcay finalmente isolato impurità in un campione di samario
gadolinio stava studiando e identificato l'impurità come un nuovo elemento . Pure
europio è abbastanza morbido e bianco argenteo . E 'abbastanza duttile e uno dei più
reattivi dei metalli delle terre rare . Ossido di europio è abbastanza ampiamente usato
come additivo per migliorare l'efficienza di fosforo rosso in monitor televisivi e computer .
Viene anche usato per aumentare l' efficienza energetica delle lampade fluorescenti .

gadolinio
Numero atomico : 64
Simbolo chimico : Gd
Gruppo IIIA Rare Earth Element (Lanthanides)

Due isotopi del gadolinio sono tra i più potenti assorbitori di neutroni . Anche se i loro limiti scarsità uso , sono utilizzati nella fabbricazione barre di controllo per i reattori nucleari . È significato ferromagnetico che è fortemente attratto dai magneti . Tuttavia il suo punto di Curie , la temperatura alla quale il materiale magnetico perde la sua magnetismo è di circa temperatura ambiente . E 'stato dimostrato di valore in una tecnica sondare l'interno di metalli chiamato radiografia a neutroni . E 'utilizzato nelle industrie aeree e di costruzione navale per la ricerca di difetti nascosti e debolezze strutturali scafi e fusoliere .

terbio
Numero atomico : 65
Simbolo chimico : Tb
Gruppo III B Rare Earth Element (Lanthanides)

In una forma metallica pura , terbio è un bianco-argenteo , malleabile , duttile e abbastanza morbido per essere tagliato con un coltello . Esso ha una somiglianza a condurre , ma è molto più pesante . Come piombo è abbastanza resistente alla corrosione . I composti del terbio hanno fonda impieghi nei laser speciali e come fosfori che producono il colore verde in tubi televisivi e monitor di computer . Altre applicazioni includono la produzione di leghe speciali con proprietà magnetiche per uso in compact disc e nella fabbricazione di schermi ad alta definizione X - ray.

disprosio
Numero atomico : 66
Simbolo chimico : Dy
Gruppo III B Rare Earth Element (Lanthanides)

Il disprosio è al nono posto in abbondanza tra gli elementi delle terre rare nella crosta terrestre . E 'stato scoperto nel 1886 dal chimico francese Paul - Emile Lecoq de Boisbaudran in un campione di ossido di erbio . Egli ha basato il suo nome sulle dysprositos parola greca che significa difficile da ottenere a . Pure disprosio non era disponibile fino al 1950 quando sono state sviluppate le moderne tecniche chimiche come separazione a scambio ionico . Disprosio assomiglia maggior parte degli altri metalli delle terre rare . E ' abbastanza morbido per essere tagliato con un coltello , ha un colore argenteo brillante ed è relativamente stabile in aria .

olmio

Numero atomico : 67
Simbolo chimico : Ho
Gruppo III B Rare Earth Element (Lanthanides)

Nel 1878 , due scienziati svizzeri hanno notato caratteristiche righe spettrali di olmio ,
ma non potevano identificare . Hanno chiamato la fonte sconosciuta delle righe spettrali
elemento X . Poco dopo , nel 1879, chimico svedese Per Teodor Cleve isolato e
identificato l'elemento mentre si lavora con un minerale chiamato erbia . Olmio metallico
puro che non era disponibile fino a poco tempo fa ha un colore argenteo brillante . E
'abbastanza resistente alla corrosione in aria secca ma appanna velocemente in aria
umida formando un ossido giallastro . Diversa rispetto all'uso come colore per vetro , ha
poche applicazioni commerciali .

ERBIUM
Numero atomico : 68
Simbolo chimico : Er
Gruppo III B Rare Earth Element

Erbio è stato scoperto da Carl Gustaf Mosander in un ossido giallo che ha isolato dal
ittria minerale . Mosander chiamato l'elemento per il villaggio svedese di Ytterby sito di
grandi concentrazioni di ossido di ittrio e erbio . Le principali fonti di erbio sono la
xenotime minerali e euxerite . Erbio così come altri elementi delle terre rare è in realtà
impurezza in questi minerali . Le applicazioni commerciali di erbio sono piuttosto limitati .
I suoi ossidi sono spesso aggiunti per vetro e smalto smalti per colorare loro rosa . Il
vetro è spesso usato per gli occhiali da sole e gioielli poco costoso.

tulio
Numero atomico : 69
Simbolo chimico : Tm
Gruppo IIIB Elemento Rare Earth (Lanthanides)

Tulio è un elemento delle terre rare che è estremamente scarsa . Essa si verifica in
quantità molto piccole in compagnia di altre terre rare . Il chimico svedese Per Teodor
Cleve scoperto l'elemento nel 1879 e la chiamò per Thule , l'antico nome per la
Scandinavia . La principale fonte di tullio è la monazite minerale che si compone di circa
7/1000 del 1 % tulio . Ha poche applicazioni commerciali oltre ad essere usato nei laser .
È costoso ma molto poco del metallo è disponibile per la sperimentazione .

itterbio
Numero atomico : 70
Simbolo chimico : Yb
Gruppo III B Rare Earth Element (Lanthanides)

Ytterbium , il primo elemento raro da scoprire si trova in modesta abbondanza nella crosta terrestre e sempre in compagnia di terre rare . E 'stato scoperto dal chimico francese Jean de Marignac nel 1878 come componente del minerale noto come erbia e prende il nome dal villaggio svedese Ytterby sulla base delle sue alte concentrazioni di erbio . Metallo puro itterbio non era disponibile per lo studio fino al 1953 . Le sue applicazioni commerciali sono come agente legante con acciaio inossidabile . Alcune leghe sono stati utilizzati anche in odontoiatria .

lutezio
Numero atomico : 71
Simbolo chimico : Lu
Gruppo III B Rare Earth Element (Lanthanides)

Anche se non ha mai formalmente pubblicò i suoi risultati , chimico statunitense Charles James è ormai considerato di aver scoperto lutezio nel 1907 . Lavorare durante i primi anni del 1900 presso l'Università del New Hampshire , James è diventato una forza importante nella produzione di elementi delle terre rare . Lui ei suoi studenti sarebbero elaborare tonnellate di minerale e di lavoro attraverso cristallizzazioni per produrre un singolo campione . Metallo puro lutezio è difficile e costosa da preparare . E ' la più difficile e l'elemento di terre rare più pesante . Sono state sviluppate Senza applicazioni commerciali .

afnio
Numero atomico : 72
Simbolo chimico : Hf
Gruppo IV B TRANSIZIONE

Proprietà di afnio così come la sua storia sono strettamente legate alla zirconio . Molti avevano previsto l'esistenza dell'elemento 72, ma l'onnipresenza del suo gemello chimica interferito con la sua identificazione . L' uso principale di afnio è basato su una delle sue poche differenze di zirconio . La sua capacità di assorbire neutroni termici rende un materiale utile per barre di controllo del reattore . I principali vantaggi di afnio rispetto ad altri materiali dell'asta è la sua robustezza e resistenza alla corrosione . Purtroppo in un gran reattore il costo di aste afnio può essere $ 1 milione o più .

TANTALUM
Numero atomico : 73
Simbolo chimico : Ta
Gruppo VB TRANSIZIONE

Il tantalio è un metallo estremamente duro e molto pesante . La sua inerzia chimica tantalio rende altamente resistente agli attacchi di sostanze nel corpo umano . Questo ha portato ad una serie di applicazioni in chirurgia odontoiatrica e medica . Tantalio come agente legante contribuisce resistenza alla corrosione , duttilità , durezza e un elevato punto di fusione ad una varietà di altri metalli . Ancora un altro uso importante del tantalio è nella costruzione di piccole ma potenti condensatori elettrolitici . Questi condensatori sono particolarmente utili nel circuito elettronico miniaturizzato che si trova al centro di tali dispositivi come telefoni cellulari e computer .

TUNGSTEN
Numero atomico : 74
Simbolo chimico : W
Gruppo VIB TRANSIZIONE

Uno degli impieghi più importanti di tungsteno è nella fabbricazione di filamenti per la lampadina comune . Il tungsteno ha il più alto punto di fusione -3410 ° C e più alto punto di ebollizione 5900 ° C - di qualsiasi metallo . Le applicazioni ad alta temperatura di gamma di tungsteno da elementi riscaldanti a resistenze elettriche agli ugelli sui motori a razzo dei veicoli spaziali . Energia elettrica fluisce attraverso un filo a spirale di tungsteno produce calore sufficiente a rendere incandescente il filo . Per evitare che il metallo surriscaldamento gas inerti quali azoto e argon sono racchiusi nel bulbo contenente un filamento di tungsteno .

Rhenium
Numero atomico : 75
Simbolo chimico : Re
Gruppo VIIB TRANSIZIONE

Renio uno dei più rari degli elementi è stato scoperto nei minerali di platino dai chimici tedeschi Ida Tacke , Walter Nodack e Otto Carl Berg nel 1925 . Si tratta di un metallo estremamente denso con una lucentezza grigio argenteo e un punto di fusione inferiore solo a tungsteno e carbonio . Questa è la base per l'utilizzo in combinazione con renio tungsteno per rendere termocoppie per temperature fino a 2000 gradi C. Renio misurazione viene principalmente usato come agente legante per la fabbricazione di metalli che sono resistenti ad usura, quali quelle richieste per contatti dell'interruttore elettrico ed elettrodi .

OSMIO
Numero atomico : 76
Simbolo chimico : Os
Gruppo VIII B TRANSIZIONE

Poiché il metallo puro è difficile fare , osmio è spesso realizzato come una polvere che viene poi formata in massa solida mediante riscaldamento . La polvere si ossida in aria e si sta lentamente emesso come un forte odore di gas tossico in grado di causare danni ai polmoni e la pelle . L'emissione del suo gas velenoso ossido rende l'uso di osmio metallo impraticabile . Come additivo lega tuttavia è abbastanza sicuro ed è principalmente usato per fare leghe dure di tali metalli come il platino e iridio . Queste leghe sono usate per contatti dell'interruttore elettrico , aghi fonografici e suggerimenti penna stilografica .

IRIDIUM
Numero atomico : 77
Simbolo chimico : Ir
Gruppo VIII B TRANSIZIONE

Iridium è un fragile giallastro metallo prezioso bianco . Si trova generalmente in minerali contenenti platino o nichel . Separandolo da questi minerali è un compito laborioso e costoso che è giustificato solo dal recupero simultaneo di platino e nichel .
L'applicazione principale di iridio è come additivo al platino creando leghe che aumentano la durezza di quest'ultima metallo . Resistenza di Iridium alla corrosione lo rende utile anche nella fabbricazione di articoli che richiedono purezza assoluta come aghi ipodermici e motori a razzo .

PLATINUM
Numero atomico : 78
Simbolo chimico : Pt
Gruppo VIII B TRANSIZIONE (Precious Metal)

Molti usi di platino usufruire della sua stabilità chimica e inerzia . E 'utilizzato nella raffinazione del petrolio , odontoiatria , l'industria ceramica , le industrie elettriche ed elettroniche , ed è molto apprezzato per la realizzazione di gioielli. Platinum è utile anche per l'industria automobilistica . Si assiste reazioni chimiche che puliscono scarico provenienti dai motori di autoveicoli , la conversione del monossido di carbonio e di combustibile incombusto in acqua e anidride carbonica . Inoltre, una barra di lega d'iridio - platino serve come standard mondiale per il chilogrammo , l'unità di base per la massa nel sistema metrico .

ORO
Numero atomico : 79
Simbolo chimico : Au
Gruppo IB TRANSIZIONE (Precious Metal)

L'oro è scambiato in borse merci e le fluttuazioni del suo prezzo sono considerati come un indice della salute dell'economia . È il più duttile e malleabile di tutti i metalli . Perché è anche uno dei più reattivo , può sostenere la sua lucentezza brillante. In natura l'oro si trova di solito come un metallo puro , spesso come pepite o scaglie . La sua purezza è misurata in carati . L'oro puro è detto di essere 24 carati . Perché è molto morbido , tuttavia, la maggior gioielli d'oro è realizzata in oro 18 carati .

MERCURY
Numero atomico : 80
Simbolo chimico : Hg
II Gruppo B TRANSIZIONE

Mercurio è l'unico metallo che è liquido a temperatura ambiente e rimane un liquido in un ampio e conveniente gamma di temperature . Alcuni prodotti per la casa comuni che contengono il mercurio dei termometri , barometri, termostati , interruttori a parete silenziosi e lampadine fluorescenti . Le applicazioni industriali di mercurio includono pompe a diffusione e lampade a vapori di mercurio che generano le luci bianche bluastre di illuminazione stradale . Un'altra proprietà utile di mercurio è la sua capacità di sciogliere altri metalli per formare leghe note come amalgami . I dentisti usano spesso amalgama d'argento - mercurio per le otturazioni dentali .

TALLIO
Numero atomico : 81
Simbolo chimico : Tl
Gruppo III A post - transizione metallo

Una fonte comune di tallio è zinco e raffinazione del piombo. Questo metallo malleabile e pesante è molto attivo e lentamente corrode in aria . Tallio e suoi composti sono estremamente tossici e non vi è prova che può indurre il cancro . Anche in contatto con la pelle può essere pericoloso anche se in concentrazioni estremamente basse tallio è stato usato nel trattamento di ringworms . Solfato di tallio è un veleno inodore e insapore che è stato usato in passato per uccidere ratti e insetti, ma ora è stato bandito in diversi paesi .

LEAD
Numero atomico : 82
Simbolo chimico : Pb
Gruppo IV A

Il piombo è un metallo altamente malleabile che può essere facilmente lavorato per rendere utensili di ogni tipo . Monete di piombo e la scultura sono stati trovati nelle tombe egizie risalenti al 5000 aC . Si è largamente usato per fare gli elettrodi di accumulatori al piombo . Il piombo è anche una componente importante di saldatura utilizzati per i collegamenti elettrici sui circuiti di computer e televisori . Schermi di vetro di televisori contengono piombo per proteggere lo spettatore dalle radiazioni . Infatti ogni televisore contiene quasi mezzo chilo di piombo .

BISMUTH

Numero atomico : 83
Simbolo chimico : Bi
Gruppo VA Messaggio di metalli di transizione

Il bismuto è un metallo fragile bianco che ha una leggera sfumatura giallastra . Il composto di bismuto sottonitrato è stato usato come un antiacido nel trattamento delle ulcere . Ossido di bismuto è un pigmento giallo popolare utilizzato in cosmetica . Come bismuto acqua è una delle poche sostanze che si espande quando cambia da liquido a solido . Questa proprietà viene utilizzata per fare le leghe il cui volume rimane costante quando si solidificano . Metalli con l'apporto di bismuto possono essere utilizzati per calchi e stampi che mantengono le loro dimensioni esatte , anche se piena di metalli fusi .

POLONIO
Numero atomico : 84
Simbolo chimico : Po
Gruppo VI A Metalloid

La scoperta del polonio da Marie e Pierre Curie nel 1898 definisce uno dei grandi momenti della storia della scienza che conduce al concetto moderno del nucleo atomico e la comprensione della sua struttura . Il polonio ha 27 isotopi noti e tutti sono radioattivi . La più prontamente disponibile è il polonio 210 , un metalloide argenteo che è abbastanza volatile e 100.000 volte più tossico del cianuro . Nei laboratori radiologici l'isotopo mescolato con berillio polvere viene spesso utilizzato per produrre grandi quantità di neutroni senza l'uso di reattori nucleari .

astatine
Numero atomico : 85
Simbolo chimico : At
Gruppo VII A Il Alogeni

Piccole quantità di astato esistono naturalmente i prodotti di decadimento di uranio e torio . L'astato è stato prodotto nel 1940 da un team di radiochemists bombardando il bismuto con particelle alfa . Solo circa 1 milionesimo di grammo di astato è stata effettivamente prodotta artificialmente e non è quindi sorprendente che poco si sa circa le sue proprietà . Sua chimica dovrebbe essere abbastanza simile a quello di iodio anche se vi è qualche evidenza che potrebbe essere leggermente più metallico .

RADON
Numero atomico : 86
Simbolo chimico : Rn
Gruppo VIII A gas nobili

Il radon è prodotto come uno dei prodotti di del decadimento radioattivo di uranio e torio . Radon - 222 , la più lunga isotopo a vita si trova in notevoli concentrazioni di gas sa nel suolo a causa tracce di uranio sono presenti nella crosta terrestre . Mentre è in crescita , il tabacco è soggetto a contaminazione da radon dal suolo e fertilizzanti fosfati ricchi di uranio usato da fioriere . Quando il tabacco di una sigaretta viene bruciato , il fumo inalato sottopone il fumatore a livelli di radiazioni 1000 volte superiori a quelle incontrate da un lavoratore in una centrale nucleare .

francio
Numero atomico : 87
Simbolo chimico : p
Gruppo I A I metalli alcalini

Francio è il più pesante dei metalli alcalini e uno dei noti più instabile . Tutti i suoi isotopi sono radioattivi ma anche la sua più lunga durata isotopo francio -223 ha una emivita di soli 21 minuti. Dei suoi 30 isotopi noti , solo francio 223 esiste in natura . Tutti gli altri isotopi di francio sono prodotti artificialmente negli acceleratori e reattori nucleari e sono troppo instabile per essere studiato in modo approfondito . L'elemento è stato scoperto nel 1939 da Marguerite Perey lavorando presso l'Istituto Curie di Parigi . E 'chiamato per il paese in cui è stato scoperto .

RADIUM
Numero atomico : 88
Simbolo chimico : Ra
Il gruppo A- I metalli alcalini Terra

Radium è stato scoperto da Marie e Pierre Curie nel 1898 . Per la scoperta del radio e del polonio , Marie Curie fu insignito del Premio Nobel per la chimica . Era lei , secondo , lei aveva condiviso il primo con il marito e Henri Becquerel nel 1903 per la scoperta della radioattività .
Metallo puro radio ha un colore bianco brillante ed è così luminescenti che si illumina al buio emettendo un colore blu tenue . Radio e 'usato in molte strutture mediche per generare il radon gas radioattivo che viene utilizzato per la terapia del cancro .

attinio
Numero atomico : 89
Simbolo chimico : Ac
Gruppo III B TRANSIZIONE (attinidi)

Attinio è un elemento radioattivo prodotto naturalmente dal decadimento radioattivo degli elementi radio e torio lunga vita . Piccolissime quantità di esso sono stati prodotti artificialmente e ha una molto limitata applicazione commerciale . Le sue proprietà chimiche simili a quelle di lantanio . Inoltre come lantanio , è il primo di una serie di elementi chiamati attinidi analoghi a lantanidi . Come le terre rare , questi elementi aggiungere elettroni ad un guscio orbitale interno e di conseguenza hanno simili proprietà fisiche e chimiche .

TORIO
Numero atomico : 90
Simbolo chimico : Th
Gruppo IIIB TRANSIZIONE (attinidi)

Il torio è un metallo bianco argenteo radioattivo che offusca molto lentamente se esposto all'aria . Sabbia Monazite alcuni dei quali si trova in spiagge della Florida può contenere fino al 10 % di torio . Nonostante la sua radioattività , torio e suoi composti hanno diverse applicazioni commerciali . Serve come un emettitore di elettroni efficiente di dispositivi elettronici. La luce brillante che la sua ossido emette durante la combustione rende anche utile nella fabbricazione di alcune lampade a gas portatili. Il torio 232 , un isotopo con un'emivita di 14 miliardi di anni mostra una grande promessa di diventare una fonte di energia nucleare in futuro .

protactinio
Numero atomico : 91
Simbolo chimico : Pa
Gruppo III B TRANSIZIONE (attinidi)

Si tratta di uno dei più scarsa e più costoso di tutti gli elementi esistenti in natura . Solo alcune centinaia di grammi sono disponibili per lo studio . Tale importo esiguo è stato in gran parte prodotta in Inghilterra circa 30 anni fa in cui è stato estratto da 60 tonnellate di minerale al costo di mezzo milione di dollari . Non si sa molto sulle sue proprietà fisiche e chimiche . Si tratta di un metallo bianco argento con una lucentezza brillante che perde molto lentamente in aria attraverso l'ossidazione . È anche noto per essere molto tossico .

URANIO
Numero atomico : 92
Simbolo chimico : U
Gruppo III B TRANSIZIONE (attinidi)

L'uranio è l'ultimo e il più pesante degli elementi presenti in natura . Scoperto nel 1841 , è stato il primo elemento radioattivo essere identificato . Alla fine del 1930 attraverso esperimenti con l'uranio scienziati tedeschi Lise Meitner e Otto Hahn osservato un processo che è stato poi riconosciuto come una fissione nucleare . La capacità dei neutroni liberati durante la fissione del nucleo dell'uranio si contempla altri nuclei di uranio è stato rapidamente utilizzati dagli scienziati per creare una reazione a catena di autosostenersi . Quando controllato , questa reazione produce l'energia si ottiene dai reattori nucleari . Quando non controllata può creare un'esplosione atomica .

NEPTUNIUM
Numero atomico : 93
Simbolo chimico : Np
Gruppo III B TRANSIZIONE (attinidi)

Nettunio è stato il primo elemento transuranici prodotto artificialmente . Lavorare al ciclotrone presso l'Università della California a Berkeley nel 1940 , i fisici americani Edwin McMillan e Philip Abelson prodotti nettunio bombardando l'uranio con neutroni . E 'ormai noto che le quantità in tracce di nettunio d effettivamente esistono in natura come il risultato delle azioni di neutroni dell'elemento uranio . Attualmente 18 isotopi del nettunio sono state prodotte tutte radioactive.the più importante e il primo ad essere prodotto era nettunio 237 con un tempo di dimezzamento di 2,1 milioni di anni.

PLUTONIO
Numero atomico : 94
Simbolo chimico : Pu
Gruppo III B TRANSIZIONE (attinidi)

Il plutonio ha 15 isotopi noti tutti loro radioattivo . Plutonio 239 è il più importante perché fissioni facilmente quando bombardato da neutroni termici . Come l'uranio 235 , i nuclei degli atomi divisi in due nuclei di dimensioni intermedie (chiamati frammenti di fissione) liberando grandi quantità di energia e la produzione di altri neutroni per sostenere una reazione a catena . Mescolato con berillio in polvere , è una fonte effettiva di neutroni per il lavoro scientifico . Plutonio può essere prodotto in grandi quantità nei reattori nucleari . La sua abbondanza ha reso la scelta numero uno per le armi nucleari .

americio
Numero atomico : 95
Simbolo chimico : Am
Gruppo III B TRANSIZIONE (attinidi)

E 'stato scoperto nel 1944 da un team di chimici sotto la guida del team di Glenn Seaborg.His prodotto americio - 241 , uno dei 14 isotopi noti che sono tutti radioattivi . Americio 241 è realizzato in grandi quantità nei reattori nucleari . I raggi gamma intensi che emette rende molto utile come fonte portatile di raggi X . E 'utilizzato anche nei rilevatori di fumo .

CURIUM
Numero atomico : 96
Simbolo chimico : Cm
Gruppo III B TRANSIZIONE (attinidi)

Curio è un metallo bianco argenteo che è molto reattiva . Il primo dei suoi 14 isotopi noti per essere scoperti era curium 242 . Curio 242 e il curio 244 sono stati utilizzati come fonti di energia in aree remote . La radiazione questi isotopi emettono può essere convertita in calore e poi in energia elettrica mediante dispositivi termoelettrici . Anche se ha un tempo di dimezzamento relativamente breve , la potenza di curium 242 è impressionante pari a circa 2-3 watt per grammo . Queste unità compatte sono utili per pacemaker , boe di navigazione a distanza e missioni spaziali .

berkelium
Numero atomico ; 97
Simbolo chimico : Bk
Gruppo III B TRANSIZIONE (attinidi)

E 'stato scoperto all'Università di Berkeley nel 1949 da un team composto da George Seaborg , Stanley Thompson e Albert Ghiorso ed è stato chiamato dopo la città . Hanno sintetizzato utilizzando un ciclotrone per bombardare un campione di americio 241 con particelle alfa . Usando berkelium 249 , è stato possibile nel 1962 per produrre 3000000000 di un grammo di cloruro berkelium . Sono ancora state sviluppate Senza applicazioni commerciali o scientifiche .

californium
Numero atomico ; 98
Simbolo chimico : Cf
Gruppo III B TRANSIZIONE (attinidi)

E ' stato scoperto da un team di chimici che utilizzano un ciclotrone per bombardare curio 242 con particelle alfa . Il californium isotopo 252 chiamato per lo Stato della California emette spontaneamente neutroni . Sorgenti di neutroni sono a volte difficili da trovare . Sia un reattore nucleare è necessaria o qualche emettitore altamente radioattiva di particelle alfa come il plutonio deve essere mescolato con polvere di berillio . La scoperta di una sorgente di neutroni estremamente portatile suggerisce molte applicazioni possibili per californium 252.It possono essere facilmente presi in campi per l'analisi degli strati portanti olio di terra o per l' estrazione di oro e argento .

Einsteinio
Numero atomico : 99
Simbolo chimico : Es
Gruppo III B TRANSIZIONE (attinidi)

Albert Ghiorso ed i suoi collaboratori hanno scoperto questo elemento nel 1952 mentre indagava le macerie della bomba all'idrogeno esplosione in isotopi Pacific.16 sono noti , l'essere einsteinium più stabile 254 con un tempo di dimezzamento di 252 giorni. La maggior parte di questi isotopi sono state prodotte in High Flux Isotope Reactor a Oak Ridge National Laboratory in Tennessee irradiando plutonio 239 con intensi fasci di neutroni .

fermio
Numero atomico : 100
Simbolo chimico : Fm
Gruppo III B TRANSIZIONE (attinidi)

Come einsteinium , Fermium è stato identificato nel 1952 da Ghiorso e collaboratori tra le macerie di idrogeno bomba nel Pacifico . Isotopi del fermio intitolato a Enrico Fermi sono di solito sintetizzati sottoponendo elementi come l'uranio e il plutonio ad un'intensa bombardamento di neutroni . In un ambiente ricco di neutroni , un elemento come l'uranio può subire successive catture di neutroni spesso assorbire fino a 16-17 neutroni per produrre gli elementi transuranici pesanti .

mendelevio
Numero atomico : 101
Simbolo chimico : Md
Gruppo III B TRANSIZIONE (attinidi)

Il nono elemento transuranici artificiale chiamato per Dmitri Mendeleev è stato scoperto nel 1955 da un gruppo di scienziati sotto Albert Ghiorso . Continuando la loro ricerca di elementi sempre più pesanti il team ha utilizzato il ciclotrone di Berkeley per bombardare einsteinium 253 con particelle alfa (nuclei di elio) e, infine, fabbricato mendelevio 256 . Le piccole somme rese la sua identificazione molto difficile. Si dice spesso che questo elemento è stato sintetizzato un atomo alla volta . Solo tracce di isotopi mendelevio sono state fatte e poco si sa della loro chimica .

nobelio
Numero atomico : 102
Simbolo chimico : No
Gruppo III B TRANSIZIONE (attinidi)

Nel creare nobelio 254 , Ghiorso ed i suoi colleghi hanno bombardato un campione di curium 246 con ioni carbonio 12 utilizzando la Heavy Ion Linear Accelerator. 11 isotopi Finora sono stati sintetizzati e tutti sono radioattivi. Nobelio 259 è il più lungo vissuto con un tempo di dimezzamento di 57 minuti. Prende il nome da Alfred Nobel , è stato prodotto in quantità abbastanza grandi da consentire lo studio delle sue proprietà chimiche e fisiche .

Lawrencium
Numero atomico : 103

Simbolo chimico : Lr
Gruppo III B (attinidi)

Continuando la loro sorprendente serie di scoperte , gli scienziati di Berkeley sintetizzati
e isolati Lawrencium nel 1961 bombardando una miscela di tre isotopi del californio con
boro 10 e boro 11 ioni con ioni pesanti Linear Accelerator . L' obiettivo pesava solo
pochi milionesimi di grammo ancora la squadra è riuscita a produrre lawrencium 258
con un'emivita di 4 secondi. E 'stato chiamato in onore di Ernest O.Lawrence ,
l'inventore del ciclotrone .

Rutherfordio
Numero atomico : 104
Simbolo chimico : Rf
Gruppo IV B A transactinide

Una storia di rivendicazioni concorrenti confuso la denominazione dell'elemento 104 . Il
team di Berkeley , così come un gruppo dalla Russia hanno affermato di credito per
l'elemento 104 . L'affermazione americano ha vinto la giornata . Prende il nome dalla
neozelandese Ernest Rutherford !

dubnio
Numero atomico : 105
Simbolo chimico : Db
Gruppo VB A transactinide .

Crediti contestati della sua scoperta hanno afflitto elemento 105 . Nel 1970 Ghiorso e il
suo team a Berkeley bombardati californium 249 con azoto pesante 15 ioni e
positivamente identificato l'elemento che chiamarono dopo Otto Hahn e ottenuto
l'approvazione dalla American Chemical Society. Tuttavia nel 1997 la IUPAC ha deciso
t modificare il nome di Dubnio . Le sue proprietà chimiche e fisiche sono sconosciute .

seaborgio
Numero atomico : 106
Simbolo chimico : Sg
Gruppo VI B A transactinide

Come gli altri due elementi contestate , la pretesa di scoperta dell'elemento 106,
insieme con il diritto di nominare era oggetto di controversia. Nel 1974 , un team russo
ha dichiarato che essi avevano prodotto unnilhexium . Perché gli esperimenti non sono
riusciti a confermare il loro risultato , la loro richiesta era in dubbio . All'incirca nello
stesso periodo , gli scienziati di Berkeley hanno riferito la scoperta di unnilhexium 263
dopo bombardamento 249 con l'ossigeno 18 . Nel 1993 , gli scienziati ai Laboratori

Lawrence Livermore e Berkeley hanno ripetuto l'esperimento e ha confermato il risultato .
E 'stato chiamato in onore di Glenn Seaborg .

bohrio
Numero atomico : 107
Simbolo chimico : Bh
Gruppo VII B A transactinide

Nel 1981 , la creazione di unnilseptium è stata annunciata dai fisici che lavorano a
Darmstadt , in Germania presso il GSI . Il gruppo ha proposto il nome nielsbohrium
dopo Niels Bohr . Le loro affermazioni ricerca sono stati confermati nel 1992 dal IUPAC .
Nel 1997 , hanno cambiato il nome in bohrio .

Hassio
Numero atomico : 108
Simbolo chimico : Hs
Gruppo VIII B A transactinide

Nel 1984 un team guidato da Peter Ambruster e Gottfried Munzenberg annunciato la
scoperta di unniloctium , elemento 108 . Questa è stata la stessa squadra che aveva
sintetizzato bohrio . Il nome che è stato proposto hassium dopo haasia il nome latino
per il tedesco Stato Hesse . Nel 1992 la IUPAC ha confermato i risultati e il nome. Le
proprietà chimiche e fisiche sono sconosciute .

Meitnerio
Numero atomico : 109
Simbolo chimico : Mt
Gruppo VIII B A transactinide

Nel 1982 , il team di Darmstadt ha annunciato la scoperta di elemento 109
bombardando il bismuto 209 con ferro alta energia di ioni 58 . Per quanto incredibile
possa sembrare solo 3 atomi sono stati creati e sono decaduti nel giro di 3,4 millesimi di
secondo. Hanno proposto di intitolarlo Lise Meitner che aveva il pugno descritto fissione
nucleare insieme a Otto Hahn .

UNUNNILIUM
Numero atomico : 110
Simbolo chimico ; Uun
Gruppo VIII B A transactinide

Dopo quasi 10 anni gli scienziati internazionali che lavorano al GSI in Germania hanno
creato con successo quattro o cinque atomi di un nuovo elemento 110. Utilizzando un

grande acceleratore di guidare gli atomi di nichel a velocità elevate hanno bombardato una sottile lamina di piombo con questi atomi rapido movimento di nichel . Il nuovo elemento si rompe rapidamente a pezzi e decade in atomi più leggeri . È stato rilevato dai 4 particelle alfa che emette durante il suo processo di decadimento .

UNUNUNIUM
Numero atomico : 111
Simbolo chimico : Uuu
Gruppo IB A transactinide

Le proprietà chimiche di elemento 111 non sono noti . Come si trova nella stessa colonna come oro e argento è presumibilmente un metallo . Dopo l'accelerazione atomi di nichel a velocità elevate ricercatori tedeschi hanno bombardato il bismuto con queste rapido movimento atomi di nichel . L'identificazione di questo elemento è significativo in quanto supporta la teoria che esiste un ' isola di stabilità ' per elementi vicini elemento 114 . L'elemento ha una vita a metà circa 8 volte quella di ununnilium .

UNUNBIIUM
Numero atomico : 112
Simbolo chimico : Ub
II Gruppo B A transactinide

Febbraio 9,1996 GSI in Germania, ha annunciato la creazione dell'elemento 112 tutto il credito per il team internazionale con Peter Ambruster . Avevano bombardato atomi di zinco che erano stati accelerati a velocità elevate con proiettili rapido movimento di piombo . Durante la collisione di un atomo di zinco di fondere con l'atomo di piombo .

Ununquadium
Numero atomico : 114
Simbolo chimico : Uuq
Gruppo IB A Transcatinide

Nel 1999 un team di scienziati presso l'Istituto congiunto per la ricerca nucleare in Russia ha annunciato la creazione di un nuovo metallo ultra - pesanti. Il team ha utilizzato un ciclotrone per bombardare plutonio 244 con un fascio di calcio 48 nuclei . Dopo circa 40 giorni di bombardamenti , un nucleo Calicium con 20 protoni fuse con plutonio nucleo con 94 protoni producendo un elemento con 114 protoni . Anche se instabile è sopravvissuto un tempo relativamente lungo .

La volontà di trovare le risposte nascoste della natura non è diminuita . La ricerca rimane per sempre la ricerca continua di nuovi elementi superpesanti . La forza trainante di questo sforzo è la ricerca della conoscenza che avvierà un nuovo ricco campo di studio delle proprietà nucleari e chimiche degli elementi .

C'è anche una motivazione più utilitario per la ricerca di elementi che compongono l'isola di stabilità . Molti scienziati ritengono ad esempio che questi nuovi elementi formeranno materiali insoliti con proprietà esotiche mai viste prima . Le risposte ricercata in questo sforzo sono di importanza fondamentale per la nostra comprensione dell'universo .

www.ingramcontent.com/pod-product-compliance
Lightning Source LLC
Chambersburg PA
CBHW070725180526
45167CB00004B/1629